百角文库

中国民居

井宇阳　著

U0278174

中国少年儿童新闻出版总社
中国少年儿童出版社
北　京

图书在版编目（CIP）数据

中国民居 / 井宇阳著 . -- 北京：中国少年儿童出
版社，2024.1（2024.7重印）
（百角文库）
ISBN 978-7-5148-8441-8

Ⅰ . ①中… Ⅱ . ①井… Ⅲ . ①民居 - 建筑艺术 - 中国
- 少儿读物 Ⅳ . ① TU-092

中国国家版本馆 CIP 数据核字 (2024) 第 003464 号

ZHONGGUO MINJU
（百角文库）

出 版 发 行：中国少年儿童新闻出版总社
中国少年儿童出版社

执行出版人：马兴民

丛书策划：马兴民　缪　惟	美术编辑：徐经纬
丛书统筹：何强伟　李　橦	装帧设计：徐经纬
责任编辑：唐威丽　陈白云	标识设计：曹　凝
责任印务：厉　静	封面图：杰米乔
	责任校对：刘　颖

社　　址：北京市朝阳区建国门外大街丙 12 号	邮政编码：100022
编 辑 部：010-57526320	总 编 室：010-57526070
发 行 部：010-57526568	官方网址：www. ccppg. cn

印刷：河北宝昌佳彩印刷有限公司

开本：787mm × 1130mm　1/32	印张：3.25
版次：2024 年 1 月第 1 版	印次：2024 年 7 月第 2 次印刷
字数：36 千字	印数：5001—11000 册

ISBN 978-7-5148-8441-8	定价：12.00 元

图书出版质量投诉电话：010-57526069　　　电子邮箱：cbzlts@ccppg.com.cn

序

　　提供高品质的读物，服务中国少年儿童健康成长，始终是中国少年儿童出版社牢牢坚守的初心使命。当前，少年儿童的阅读环境和条件发生了重大变化。新中国成立以来，很长一个时期所存在的少年儿童"没书看""有钱买不到书"的矛盾已经彻底解决，作为出版的重要细分领域，少儿出版的种类、数量、质量得到了极大提升，每年以万计数的出版物令人目不暇接。中少人一直在思考，如何帮助少年儿童解决有限课外阅读时间里的选择烦恼？能否打造出一套对少年儿童健康成长具有基础性价值的书系？基于此，"百角文库"应运而生。

　　多角度，是"百角文库"的基本定位。习近平总书记在北京育英学校考察时指出，教育的根本任务是立德树人，培养德智体美劳全面发展的社会主义建设者和接班人，并强调，学生的理想信念、道德品质、知识智力、身体和心理素质等各方面的培养缺一不可。这套丛书从100种起步，涵盖文学、科普、历史、人文等内容，涉及少年儿童健康成长的全部关键领域。面向未来，这个书系还是开放的，将根据读者需求不断丰富完善内容结构。在文本的选择上，我们充分挖掘社内"沉睡的""高品质的""经过读者检验的"出版资源，保证权威性、准确性，力争高水平的出版呈现。

通识读本，是"百角文库"的主打方向。相对前沿领域，一些应知应会知识，以及建立在这个基础上的基本素养，在少年儿童成长的过程中仍然具有不可或缺的价值。这套丛书根据少年儿童的阅读习惯、认知特点、接受方式等，通俗化地讲述相关知识，不以培养"小专家""小行家"为出版追求，而是把激发少年儿童的兴趣、养成正确的思考方法作为重要目标。《畅游数学花园》《有趣的动物语言》《好大的地球》《看得懂的宇宙》……从这些图书的名字中，我们可以直接感受到这套丛书的表达主旨。我想，无论是做人、做事、做学问，这套书都会为少年儿童的成长打下坚实的底色。

中少人还有一个梦——让中国大地上每个少年儿童都能读得上、读得起优质的图书。所以，在当前激烈的市场环境下，我们依然坚持低价位。

衷心祝愿"百角文库"得到少年儿童的喜爱，成为案头必备书，也热切期盼将来会有越来越多的人说"我是读着'百角文库'长大的"。

是为序。

马兴民

2023 年 12 月

目 录

1　　认识我们的家——民居

1　　什么是建筑

3　　中国建筑知多少

5　　明星与草根

7　　什么塑造了我们的家

16　天人合一：古代民居

18　大自然的馈赠：天然洞穴

20　"我想有个家"：人造民居

27　更复杂的家：建筑技术的进步

35 把家带走：陶屋——民居模型

39 画中世界：唐宋绘画中的民居

43 眼见为实：元明清古民居

46 万家灯火：千姿百态的民居

47 四合院（北方官式民居）

50 "一颗印"（西南民居）

54 沁河古堡（山西民居）

57 徽派建筑（江南民居）

62   客家民居

70   骑楼（岭南商住房屋）

71   红砖厝（闽南民居）

74   开平碉楼（华侨民居）

76   干栏式民居（西南民居）

78   窑洞（西北民居）

80   蒙古包（草原民居）

83   船居（水上民居）

85　安居无小事：民居里的民俗文化

86　　迷信还是科学：选址中的风水学

87　　破土动工：奠基仪式

89　　上梁仪式

92　　"总把新桃换旧符"：门神

94　　一场全民参与的"行贿"行为：祭灶

97　结语

认识我们的家——民居

什么是建筑

这好像是个简单到不用回答的问题。我们居住的房子、念书的学校、吃饭的餐厅、踏青的公园、购物的商场……都是建筑。可以说建筑无处不在，与我们生活的方方面面息息相关，我们的日常生活离不开建筑。

简单地说，建筑就是人类用泥土、砖瓦、石材等各类材料建筑而成的，具有居住或使用功能的人工构筑物。围城的墙、过河的桥、发射信号的塔、停船的码头、防御洪水的大坝等，也都是建筑。

我们每天生活在各种建筑中，却常常忽视了它们。建筑不仅仅是一堆冷冰冰的木石砖瓦、钢筋水泥，建筑也有名字和性格，有"祖先"和悠久的"家族史"。可以毫不夸张地说，建筑也是有生命、有灵魂的。

我们人类从诞生之日起，随着学会使用工具，就开始和建筑有了千丝万缕的联系。建筑陪伴着我们走过蛮荒蒙昧的时代，与文明一起发展进步。甚至当一个族群灭亡了，一个文明消失了，建筑依然能通过残垣断壁，向世界证明那段历史曾经真实存在过。

每个国家或民族都拥有自己独特的建筑风格和建筑工艺。各地的地理环境、自然资源不同，各民族的生产方式、生活习惯、文化信仰不同，这些因素共同作用，体现在建筑上的设计理念、选材用料、风格造型以及用途也是千差万别。建筑是人类文明最重要的载体之一，是科学技术、文化艺术、哲学思想等人类文明各项成就的集中体现。毫不夸张地说，一部建筑史，就是一部人类文明史。

中国建筑知多少

我们中国拥有悠久的历史和璀璨的文明，我们的建筑自然也是风格独特、种类丰富，具有极高的历史、文化、艺术和科技价值，在全世界来说都是独树一帜的。中国建筑与伊斯兰建筑、欧洲建筑并称"世界三大建筑体系"。

中国建筑史上有许多享誉世界的伟大建筑。比如被认为是"古代世界七大建筑奇迹"之一的万里长城，就是军事建筑设施的典型代表；我们熟知的北京故宫，又叫紫禁城，是明清两代帝王的宫殿，也是世界上规模最大的古代木质结构皇宫建筑群，是古代宫殿建筑的集大成者；山西应县的佛宫寺释迦塔，是目前全世界现存的最古老、最高大的木塔，它不仅是全木结构，而且没用一根钉子，全靠榫卯连接，一共有54种不同的斗拱，堪称"斗拱博物馆"；在全国各地数以万计的地下建筑——陵寝中，最蜚声海外的便是秦始皇陵；以及综合各类建筑技艺的园林，像颐和园、拙政园、个园等，各个精美绝伦，美不胜收；此外还有天坛等祭祀建筑，佛光寺等寺庙建筑，赵州桥、宝带桥、广济桥、洛阳桥等桥梁建筑，各个时期各个地域的官署、学府、商铺、祠堂……都是全人类的珍贵文化遗产，是我们中华民族引以为傲的成就。你还能说出多少我国的著名古建筑？

明星与草根

好了，让我们暂时把目光从那些美轮美奂的明星建筑上移开，来关注一类草根建筑。它们随处可见但常常被忽略，默默无闻但最"接地气"，是和我们最亲密的建筑。你猜到了吗？没错，它们就是我们每个人日常居住的家——民居。顾名思义，民居就是普通人居住的房屋，又叫民宅、住宅。它既不是高高在上的只属于皇室贵族的宫殿，也不同于寺庙、商铺、桥梁等宗教场所和公共场所，是属于我们自己的私人空间，是为我们遮风挡雨，让我们安居乐业的家。

民居是数量和种类最多的建筑，也是所有建筑的基础，是人造建筑的起点。毕竟对于远古的史前人类来说，第一件要解决的事就是有个遮风挡雨的住所。飞禽走兽尚且会筑巢打洞，我们可以大胆推断，人类最初建筑的家是向鸟类学习而来的。人类按照鸟类筑巢的方法，用树枝、树叶在树上建一个可以遮风避雨的窝，躲避猛兽的袭击。

当人类掌握了使用工具的能力，地面上构筑的第一座像样的建筑一定是用来居住的民居。无论各类建筑如何发展，民居所使用的建筑材料、建造技法、装饰风格，也一定是因地制宜、与时俱进的，符合当时、当地的自然条件和整体建筑水平。当然，民居毕竟是普通老百姓的家，建筑设计上肯定是以简单实用为主，选材用料也必然经济实用。所以一个地区的民居基本都遵循统一的设计风格，甚至内部装饰都高度相似；所使用的建筑材料一定是当地最容易获得，也是最便宜的材料。

但这并不是说民居就毫无价值。谁说只有"阳春白雪"动人？"下里巴人"也同样值得传唱。中国建筑有着自己独特的理念、技法和风格，历史悠久，传承有序，就像一棵参天大树。不同地区和不同民族的民居，就像是这棵大树上的无数枝杈，丰富多彩。那是什么原因造就了如此庞大的民居家族呢？

什么塑造了我们的家

因地制宜

首先是自然地理因素。在工业时代到来之前，人类改造自然的能力有限，要靠老天赏饭吃，所以自然条件很大程度上决定了当地居民的生产方式和生活习惯，其中最重要的就是气温、光照和降水这三要素。

气温是影响人们生活居住最直接的因素，简单来说，就是北方冷，南方热。因为冷热的不同，北方民居的墙体就比较厚重，好抵御严寒的侵袭，南方的墙体就相对轻薄，更强调通风透气；北方的门窗相对小，并且注重密闭性，而南方的门窗较大，在一些地方，堂屋甚至不设门窗；北方室内多用砖土垒设暖炕，南方多用轻巧凉爽的木架床、竹床。

气温的差异还影响了人们对光照的利用。古代没有电灯，民居需要良好的采光来照亮室内，但光照也不是越多越好。北方寒冷，所以希望尽可能增加采光，普遍遵循房屋"坐北朝南"的原则，并且屋顶出檐较短，尽可能不遮挡阳光；而南方本来气温就很高，强烈的阳光就成了负担，所以民居多设置小小的天井，尽可能避免直接暴晒。

还有一个因素就是降水。古代建筑多使用木材，环境潮湿会加速建筑材料的老化。南方尤其是东南沿海一带降水量大，所以人们普遍建造坡度较大的屋顶，并且出檐很远，可快速将雨水排走，防止积水。而北方的屋顶坡度就相对平缓，在西北地区极度干旱缺水的地方，人们甚至采用平屋顶，这样既可以节省建筑材料，也可以做晾晒粮食的场所。屋顶尽可能收集珍贵的雨水，让它们流入水窖，解决生活用水的需要。

还有一个很重要的因素，就是人口密度。北方平原地带土地平整开阔，人口虽多但也相对宽敞，所以北方的民居主要以平房为主，还会围出院子，家家户户之间会有一定的间隔；江南水乡河湖众多，很多村镇都临水而建，并且江南地区富庶繁华，家家户户人丁兴旺，人口稠密，地域狭窄，所以民居都小巧玲珑；南方许多山地丘陵地带，适宜建造民居的土地很少，所以民居十分紧凑，多建造二层或三层的楼房，以增加使用空间。

可见，地理环境的方方面面都在塑造着民居的形态。

就地取材

一座建筑设计得再好，还要有合适且充足的建筑材料，毕竟"巧妇难为无米之炊"。帝王将相、地主富商因为手握权力或坐拥大量的财富，在修建宫殿府邸、寺庙祠堂时可以不惜成本，选用全国乃至世界各地的高级建筑材料。而普通百姓建造民居，就只能遵循"经济实用"的原则了。就地取材，选用当地或附近出产的数量最多且价格最便宜的材料，就成了一条基本原则。

　　所以各地民居不仅在建筑设计上不尽相同，在建筑材料的选择上往往也有不同的地域特色。比如森林植被多的山地丘陵地带，大量优质低价的木材便被用在民居的每个角落；靠近出产优质石料的地方，石材丰富，民居中就多见石基、石雕、石墙，甚至石瓦；南方许多地方盛产竹子，拥有大片茂盛的竹林，当地就会常见用竹子代替木材建造的竹屋；有些沿海地区还有一种十分特别的小屋，它的墙用吃剩的蚌壳堆砌而成。古今中外，都是如此。在冰天雪地的北极圈附近，因纽特人甚至会用冰块砌成冰屋，十分独特。

　　"靠山吃山，靠海吃海"，以经济实用为目的建成的民居，也因为建筑材料的不同特性形成了独特的建筑风格，成为当地一道亮丽的风景线。

劳动生活

许多现代城市居民每天起床后离开家去上班，下班后回到家吃饭休息，很多小区白天人很少，被戏称为"睡城"。但对于古代的老百姓来说，民居不仅仅是生活居住的地方，同时也是生产劳动的场所。

我们常说古代是"小农经济""自给自足"，就是因为广大乡村中的家家户户，不仅要种地，也要在自家完成其他生产劳动。传统的"男耕女织"，就是男人去农田里干活，女人在家中织布劳动。

许多乡村的民居，一般侧面或者屋后就连着猪圈或鸡窝，人们在自家的小院中或者屋顶上晾晒或加工粮食，足不出户就有干不完的农活。

对于在码头或市集生活的人，民居就要兼

顾生意、生产和生活。临街的一面打开门做买卖，二层或者后院用来生产加工自家经营的货物，同时也是生活起居的地方。这种模式的民居被称作"前铺后屋"或"前店后厂"。尤其是江南水乡，河道发达，民居大多临街背水而建。临街的正门是商铺，后身的小码头便是从各处转运货物的小船停靠卸货的地方。

生活在北方草原的游牧民族，要在广阔的草原上不断寻找适合牛羊生长的草场，过着居无定所、逐水草而居的生活。所以他们不建造固定的房屋，而是搭建蒙古包、毡房一类方便搭建和拆卸的可移动民居。东南沿海一带的渔民靠打鱼为生，有一部分渔民甚至全家常年生活在船上，被称为"疍家人"。船既是他们讨生活的工具，也是吃饭睡觉的家。这样的例子不胜枚举，民居对于老百姓来说，是家，也不仅仅是家。

历史进程

历史上发生的许多事件，不仅影响甚至决定了人类文明的走向，也塑造了不同地区的饮食、衣着，还有民居。

东汉末年豪强纷争，兼并割据，开启了一个漫长残酷的战乱时代。尤其是北方中原地区，战争频发，当地百姓为了自保，以宗族为单位聚族而居，并且将民居修筑成具有军事防御功能的"坞堡"，也叫"坞壁"。到了东晋十六国时期，北方的战乱更加严重，中原百姓纷纷向南迁徙，客居他乡，延续了这种建筑城堡式民居——土楼和全族聚居的习俗，直至如今。

边疆和沿海地区也是农耕文明与游牧渔猎文明碰撞和交融的前沿地带。无论是打仗还是贸易，也不管是主动还是被动，不同文化之间总会不断地融合，并孕育出新的文化。最直观的体现，便是形成新的民居形式。比如北方的游牧民族受到中原汉族文化的影响，尤其是少数民族南下建立政权时，渐渐学习中原文化，抛弃了传统的游牧生活，改为定居。汉人的传统四合院自然就逐渐在东北、内蒙古等北方边疆地区扎根发芽，成为当地常见的民居形态。福建、广东沿海地区的人民多下南洋出海经商，赚了钱回乡修房，民居多带有浓厚的南洋风情。清朝末年，各国列强入侵中国，强行租占一些重要的港口城市，修建租界，留下了许多具有各国风情的小洋楼，进而影响了整个城区的建筑风格。

有句俗话说"一方水土养一方人"。一方水土，也塑造了"一方民居"。

天人合一：古代民居

你住在什么样的房子里？是平房还是楼房，胡同还是大院？你可能在旅游的时候住过小木屋，野营的时候睡过帐篷，但最熟悉的还是钢筋水泥建成的现代建筑。那你知不知道古人住的房子是什么样子呢？

中国古代建筑主要是木构建筑。木构建筑有许多优点：抗震、抗沉降、建造周期短、设计自由度高、原材料可再生……可以说数不胜数，但唯有一个缺点无法克服：怕火。和平年代，木构建筑常因为用火不当或者被雷电击中而发生火灾；战乱时期更是常常发生敌人放一把火烧毁一整座城镇的惨剧。比如始建于明代的北京天坛祈年殿，在清朝光绪年间被雷电击中焚毁，如今我们看到的祈年殿是光绪年间重建的。历史上放火烧城的案例更是数不胜数，最有名的一例是东汉末年的军阀董卓，一把大火烧毁了当时的都城洛阳。

另外，古人没有保护历史文物的概念。改朝换代之时，当权者不仅不会保护前朝的建筑，出于政治上的考虑，往往会拆毁前朝的重要建筑，以达到彻底消除前朝影响的目的。对于留存的旧建筑，年深日久需要修缮时，后人也往往随意增减建筑细节，按照当下流行的样式修缮，甚至彻底改变其风格面貌。这导致我们现在能在中国境内找到的最古老的地上木构建筑是建于唐代的五台山南禅寺，再早的便只剩遗迹了。重要建筑都无法留存，更不用说民居了。我们几乎找不到明清以前的完整民居，这是十分遗憾的事。

好在中国木构建筑的结构设计有着相对统一的方法原理，我们可以根据古代建筑留下的房基遗迹以及一些残存的建筑构件，再结合一些历史记载和现存建筑作为参照，推测复原古建筑的原貌。现在，就让我们一起来了解考古学家通过各种方法推测复原出来的历代古民居的面貌。

大自然的馈赠：天然洞穴

300万年前，人类的祖先从树上走向大地，也从蒙昧走向文明。原始人学会使用石器，学会使用火（此时人们还不会生火，火源来自雷击等自然现象），成功在大自然中脱颖而出，成为万物之灵长，人类文明也正式进入旧石器时代。

虽然那时的人类还没有定居的概念，但就像狼群、猴群、狮群等群居动物一样，原始人族群也都有自己繁衍生息的领地范围。而山间常见的天然洞穴，可以说是原始人最理想的住所。洞穴不仅可以遮风挡雨，储存打猎采集来的食物以及制作的工具，并且便于设置陷阱和简单的防御设施以抵御危险的毒蛇猛兽，最重要的是可以保存来之不易的珍贵火源。

洞穴就是人类最早的民居，是大自然送给人类的最好的礼物。最著名的原始人洞穴位于北京市房山区周口店的龙骨山，因为这个洞穴位于龙骨山的顶部，所以被命名为"山顶洞人"。

山顶洞人生活在距今约 3 万年前，旧石器时代晚期。洞穴生活的经历也被深深刻入了我们人类的记忆中，直至今日，依然有很多建筑都是利用天然洞穴或者人工开凿的洞穴建成的。

尼安德特人洞穴

"我想有个家"：人造民居

原始人类经历了漫长的繁衍与发展，在距

今 1 万年左右学会了制造更加精致的磨制石器和人工取火，文明也因此飞速发展，进入了新石器时代。先民对大自然的认知更加深入，有了许多实用的发明创造，生存能力更强了。曾经规模很小的族群，逐渐壮大为原始部落，甚至孕育出一些强大的部族。

相传上古时代有位杰出的部落领袖"神农氏"，他尝遍百草，从杂草中辨别出可以作为粮食吃的五谷，并教会了大家如何耕作。传说虽然无法证实，但最重要的是，原始农业诞生了。有了农业，人类就不用再过狩猎采集的生活，就可以相对稳定地获得食物，具备了定居的条件。自然而然，也要开始动手盖房子了。

在目前全国各地发掘的新石器时代遗址中，已经出现了许多宏伟的建筑。其中大多是供奉神祇的庙宇、祭祀祖先或召开大会的明堂、部落首领或贵族的住所以及城墙、水坝等公共设施。先民开始建造高大的夯（hāng）土台基，或用巨大的条石砌成石台或石墙，这是一个部落的经济实力和文明水平最直接的体现。只不过这些技术还只用在重要的礼仪性建筑或首领贵族的宫殿上，民居依旧还是比较原始的。

半地穴式民居

我们在黄河流域发现了许多新石器时代的文化遗迹，从距今约8000年前的磁山文化开始，许多遗址中都出现了一种半地穴式房屋。

建造半地穴式房屋的第一步是先在平地向下挖出一个方形或圆形的坑，夯实地面，有的还要用火烧坑。没错，聪明的先民已经发现，经过火烧，泥土会硬化，不仅结实平整，还有防水功能。说句题外话，先民发明并制作各类陶器也是同样的原理，所以新石器时代又称为陶器时代。地面硬化好了，留出门也就是出入口的位置，修成台阶。

第二步是搭建房屋的骨架。人们先在穴坑中央竖起一根粗实的立柱，这是全屋结构的中心，然后用较粗的树木枝干在穴坑的周围做出矮墙，再铺上一圈橡木，架起一个圆锥形的屋顶，房屋的骨架就做好了。

第三步，人们再将围墙上填满细小的枝条并抹上草泥，屋顶上铺满茅草。这样，一间史前民居就盖好了。最后，再在屋内靠中间的位置挖一个小火坑，用来烧煮食物、取暖和照明。有的屋顶上还开辟一个小天窗，用来增加室内采光。这样一个简朴但温馨的民居，就是当时一个个小家庭的避风港。

半地穴式房屋一直是黄河流域最主流的民

半地穴式民居

居形式。后来，随着文明的发展，建筑技术的提高，人们不再向下挖地穴，半地穴式房屋最终演变为地面式房屋。

干栏式民居

如今我们还能在许多热带雨林看到一种建在树上的树屋。这或许也是人类最早的家。在我们中国的神话传说中，有一位上古的部落首领叫"有巢氏"。看名字就能猜到，他最大的功绩就是教会大家搭建巢居，让大家都有房子住。但巢居是什么样子？不仅没有实物遗存，古文献中也没有明确的记载。我们只能推测，或许最早的先民仍居住在树上，像鸟类一样，在大树上的合适位置搭建简易树屋。

虽然古人类的树屋没有保存下来，但有一种建筑形式的灵感很有可能就直接来自树屋，那就是干栏式民居。所谓干栏式，就是用粗壮的木或竹做成柱子撑起底架，将房屋主体抬高，高悬在地面上。干栏式民居也可以看作是两层以上的多层房屋，但第一层不设围墙。

为什么要做这样的设计？为了适应南方地区的自然环境。南方潮湿闷热，还经常下雨，人不适宜直接住在地面上，更不可能再挖地穴了。所以南方的先民充分利用当地充足的竹木资源，模仿树屋，将房屋抬起来。人住在高处，不仅通风防潮，还可以躲避野兽虫蛇的侵扰。干栏的底层也可以充分利用起来，可以蓄养牲畜、家禽，或堆放杂物，十分方便。

　　目前发现最早的干栏式民居来自浙江余姚的河姆渡遗址，大约距今 7000 — 5000 年前。干栏式建筑广泛分布在长江以南的南方地区。与半地穴式民居几乎销声匿迹不同，干栏式建筑已流传至今，南方很多地区仍在使用。虽然经过了各种改良和优化，但万变不离其宗，干栏式建筑依然是与当地环境生态最匹配的建筑形式。

河姆渡遗址干栏式民居复原场景

更复杂的家：建筑技术的进步

新石器时代之后，人类文明进入青铜时代。由于文字的发明，人类开始有了真实记载的历史，从此告别充满了神话传说的史前时代。中国的青铜时代对应着历史上的夏、商、周三代，是我们中华文明成形的关键时期。"中国"二字的由来，最早也可追溯到西周青铜器的铭文中。

由于青铜合金的使用以及各项科学技术的发明革新，文明蓬勃发展。这一时期陆续出现了许多伟大的建筑，从二里头遗址、殷墟遗址、周原遗址、东周王城遗址到春秋战国各国的国都遗址，建筑规模越来越大，结构越来越复杂，功能也越来越全面。天子和诸侯的宫殿、陵寝，以及祖庙、祭坛等礼制建筑也建得富丽堂皇，美轮美奂。人们使用了许多新的建筑材料，发明了许多重要的建筑构件，革新了许多科学的建筑技法，形成了许多独特的建筑理念。这些建筑学上的成就，也都逐步应用到了民居的改造提升上。

地基

先民在建造地穴式建筑时，就认识到了地基的重要，要夯实甚至火烧硬化地基。坚固的地基，可以让建造其上的房屋更加稳定，还可以隔湿防潮。所以人们通常选择天然就比较平整、坚固，位置相对较高的地面作为地基，并且加以人工改造。地基有纯夯土地基，也有混合砂土或加入石料的，但目的都很明确——更高、更硬、更平。重大建筑为了视觉上更加壮观宏伟，将地基修筑得高于地面，高出地面的部分也叫台基。最典型的例子就是北京故宫最重要的三大殿——太和殿、中和殿、保和殿，就是建在汉白玉砌成的三层台基上的。民居因为受到经济条件和等级制度的限制，一般没有台基或台基很低，但对地基也是非常重视的。

夯土墙

夯土技术在史前时代就已出现。商周时期，大到都城，小到民居，都已普遍使用夯土墙，筑造方法叫作版筑法。简单说，就是在两块竖立的平行木板之间放入黄土等原料，不断用重物夯实，就做好了一段夯土墙。不断反复操作，就可以建成人们想要的高度、长度、宽度的夯土墙。夯土筑墙的方法被后人不断地改进优化，在黄土中加入不同的混合物以增强墙体的强度和韧性。夯土墙的生命力十分顽强，直至数千年后的今天，许多乡村还在使用以夯土为基础的筑墙法来盖房子。

砖

砖是大家最熟悉的建筑材料，有用泥烧制而成的陶砖，也有直接用石料切割制成的石砖。目前我国发现的最早的砖是出土于陕西蓝田的烧制砖，属于距今约 5000 年前的仰韶文化晚期。

起初，砖是十分珍贵的建材，所以仅用在重要的宫殿、祭坛等建筑上。直到后来生产力水平提高，制砖工艺广泛普及后，砖才被大量使用在民居中。

柱

地基决定了房屋的宽度，立在地基上的柱子则决定了房屋的高度。柱子挑起屋顶，房屋才算真正有了"空间"。

在中国建筑中，我们将前后左右四根柱子围成的空间叫作"一间"，这是描述房屋大小的基本单位。因为中国建筑不像古希腊、古罗马建筑那样普遍使用石柱，而是选择高大笔直且质地坚硬的木材做柱子，所以很容易因为火灾或虫蛀而损毁，很多古老的建筑地基以上的部分早已荡然无存。

不过，好在柱子的粗细高矮以及柱与柱之间的距离有着严格的规范制度，我们可以通过房址遗迹中的柱坑、柱础来复原柱子的直径和高矮，从而推测房屋的屋顶类型和整个建筑的样貌。

屋顶

如果说西方建筑的精华在外立面，那中国建筑的"核心"一定是屋顶。中国古建筑的屋顶种类多样，结构复杂，按照规格等级从高到低划分依次为庑（wǔ）殿顶、歇山顶、悬山顶、硬山顶、卷棚顶。高等级的屋顶，比如庑殿顶，只能出现在皇家宫殿、寺庙祠堂的正殿等高规格建筑上。普通百姓的民居中常使用的就是硬山顶或卷棚顶，但也会根据使用场景，有坡度等许多区分，也会在允许范围内尽可能加上一些装饰。虽然民居的屋顶朴实无华，但依然可以为我们遮风挡雨，为老百姓撑起一个家。

瓦

屋顶上的覆盖物十分重要，要扛得住风吹雨打，又要经济实用。原始民居屋顶上铺的是茅草，直至今日，在乡间山野中依然还存在简陋的茅草屋。后来，瓦成为中国古代建筑物的主要屋顶覆盖物。目前出土最早的瓦出自距今4000年前的龙山文化早期遗址。瓦由陶土烧制而成，铺设在屋顶，可以对建筑中重要的木构件起到保护作用。到了战国时期，各国重要的建筑都已普遍在屋顶铺瓦，筒瓦、板瓦、瓦当等组合使用也形成规范，瓦当装饰也成为一种风尚。

如今城市中瓦已不多见，但在古代，瓦是随处可见的建材。以前我们形容一个人穷困，会说"上无片瓦遮身，下无立锥之地"，瓦就是家的代表。

斗拱

我们一直说中国木构建筑的成就很高，其中最具代表性的结构就是大名鼎鼎的"斗拱"。斗拱是立柱和屋顶或上层结构之间的连接结构，是中国木构建筑中特有的。我们参观古建筑时可以用心观察，在立柱和横梁交接处，柱顶上会有一层层向外探出的弓形构件，这个叫"拱"，拱与拱之间垫的方形木块叫"斗"，合称斗拱。斗拱的种类有很多，内部结构十分复杂，需要有十分专业的古建筑知识才能解开它的全部面貌。

　　斗拱的历史源远流长，但目前发现最早的斗拱实物并不是出现在建筑上的，而是在战国时期中山国出土的一张精致的小桌子——四龙四凤铜方案中。但它的作用依然是支撑。在汉代的陶屋模型中，我们能清楚地看到斗拱。在汉墓中，我们也发现了用砖砌成的斗拱结构。斗拱经过秦汉魏晋南北朝的发展，到唐宋

斗　拱

元时期达到了顶峰。唐宋建筑中那巨大的斗拱，撑起了如鸟翼一般张开的巨大屋檐，使得建筑的体量和气势达到了前所未有的高度。到了明清时期，木构建筑多使用抬梁式结构，斗拱逐渐失去主要的承重功能，所以尺寸逐渐变小，退化为纯装饰作用。

但无论繁简，斗拱都是十分复杂的设计，成本很高，一般只应用在重要建筑上，民居很少使用。斗拱是中国古建筑的精华，虽然不是民居建筑常使用的结构，但斗拱所代表的中国古代木构建筑工艺体系则是所有建筑共通的法则。

把家带走：陶屋——民居模型

历史上的秦汉魏晋南北朝时期，是中国建筑蓬勃发展的时期。有许多建筑的规模之大，建造难度之高，都令当代人无比震撼，无法想象在没有机械设备的古代如何完成如此浩大的工程。比如直至秦始皇去世都未能完工的秦代巨大宫殿群——阿房宫；秦汉时期，与古罗马帝国的都城罗马城并称世界上最大都市的西汉王朝首都——长安城；东汉末年曹操在邺城修建的高大台阁建筑群——铜雀台；北魏时期由皇室亲自兴建的中国古代最高的木构建筑——洛阳永宁寺塔……这些建筑在古书中赫赫有名，但如今也只能存在于字里行间，存在于我们的想象中。

但这个时期的民居，这些最不起眼的建筑，虽然也没有留下实物，我们却有机会比较直观地了解到它们的样子。这要归功于秦汉时期流行的厚葬习俗。古人对于丧葬礼仪十分重视，"事死如事生"，认为人死之后灵魂不灭，所以要将生前所享用过的与吃穿住行相关的物品全都作为随葬品埋入地下。住宅自然不可能一起随葬，聪明的古人就想出了绝妙的点子，将民居做成等比例缩小的陶屋模型和墓主人一起下葬。

在考古发掘的许多两汉魏晋时期的墓葬中，都出土了陶屋模型。这些模型虽然做工不是十分精细，但基本忠实还原了当时民居的样子。比如出土的许多陶屋都是在主屋后侧延伸出一间小屋，形成一个 L 形，证明这种民居在汉代十分流行；有的民居再用矮墙围合构成一个后院，用来圈养猪、羊等牲畜，更加实用。

还有一种凹字形三合式房屋，与现在的三合屋不同的是，两间侧室向后，围成一处小院，同样用来养猪。正屋的背后开有小门，主人可以将剩菜剩饭等直接倒入猪圈喂食，十分方便。

　　大户人家的院子不仅出现了多个围院的组合扩展，还有很多两进、三进的院子，与如今的四合院也没什么两样，证明合围式民居已经基本发展成熟。许多陶屋的主屋、后屋都建起二层、三层，甚至高层的楼阁式建筑，充分说明了这一时期建筑水平的提升。南方墓葬中出土的干栏式民居模型，说明干栏式民居一直在

东汉陶屋模型

有序传承，占据着南方民居界的主流。到了东汉以及魏晋时期，具备多层围墙、四角设有警戒防御用的角楼的城堡式陶屋逐渐增多，反映出东汉末年到魏晋时期的长期战乱改变了当时百姓的生活方式，推动了民居形态的变化。这种坞堡式民居可以说是开后世北方古堡、南方围屋的先河。

画中世界：唐宋绘画中的民居

到了唐宋时期，我们终于可以看到一些依然"健在"的地上木构建筑了。目前仍保存完好的唐代木构建筑，全国唯有南禅寺大殿、佛光寺东大殿、广仁王庙大殿，以及开元寺钟楼下层这三座半建筑；宋代木构也仅存太原晋祠圣母殿等不足百处，可以说幢幢都是稀世珍宝。但这些传世的唐宋木构建筑几乎都是寺庙观祠。民居被淹没在千年的岁月中，几乎都没能保留下来。唯有广东省潮州市现存一处始建于北宋并经过历代修缮的许驸马府，是宋英宗的女婿许珏的府邸。但皇亲国戚的高门大宅更接近官式建筑，还是算不上真正的民居。

但是，我们依然可以借助另一类传世文物来一窥唐宋民居的样貌——绘画。唐宋时期，中国画进入了一个繁荣的时代，各项题材、各类风格、各种技法先后出现并发展成熟。

传统绘画有一个分支门类叫作"界画"，就是专门以工笔画细致准确地描绘宫殿园林等建筑，因为画建筑时要用界尺，所以叫作"界画"。另一类常出现民居的绘画是山水画。虽然画面的主体是山水，但在山水之中，常常点缀着一些民居或隐士高人居住的草庐。文人士大夫偏爱描绘这些乡村生活，以表现自己不慕名利、向往田园的心境，所以对渔樵生活、乡居院落都有很精心的刻画。

在这些传世的画作中，我们可以看到，唐宋民居在继承前代特点的基础上有所突破。首先，城市民居的分布有了明显的发展和变化。魏晋以前，都城中只有皇宫、庙坛、重臣府第，普通百姓的民居都分布在城墙以外。

后来城市规模逐渐扩大，到了隋唐时期，逐渐允许普通百姓居住在城内了。但隋唐时期实施里坊制，城市内的民居群被严格划分在一个个高墙围起的方形区域"里坊"内。唐代后期到北宋时期，封闭的里坊制才被逐渐打破，民居建设才变得开放自由。

收藏在故宫博物院的界画巅峰之作《清明上河图》，作者是北宋宫廷画家张择端。他在这幅 5 米多长的长卷中，用画笔忠实记录下了开封城内大量民居和商铺的真实样貌。

在《清明上河图》中，我们可以看到，作为北宋首都的开封府，民居建筑种类丰富，功能多样。民居、商铺、茶馆、酒肆、勾栏瓦舍都已连成一片。民居多以瓦房围成合院，还可以根据使用需要，灵活设置廊屋串联。画中城市民居平面布局多为四合院，屋顶多为悬山式，梁架结构大多是五架梁。

《清明上河图》中的民居

　　王希孟的《千里江山图》是北宋时期另一幅不世出的佳作，是青绿山水画最高成就的代表。山水之中，描绘了大量看似不起眼的村落民居。画中的乡村民居非常简朴，基本都是由体量不大、屋顶为悬山顶的单间组成。因为乡村空间充足，且配合当地自然环境的山形水势，画中民居在院落布局上有工字形、一字形、丁字形等多种类型，布局形式丰富。

　　整体看来，无论是城市中的民居、官宅府第、富商住宅，还是乡村的民居、草庐，都与明清时期的民居基本没有区别了。

眼见为实：元明清古民居

　　元明清时期，我们终于不用再靠想象和其他文物来推测民居的样貌，可以实实在在亲眼观察了。中国现存的最早的木结构民居是位于山西晋城高平市中庄村的姬氏民居，始建于元代至元三十一年，也就是公元 1294 年，距今已有 700 多年的历史。如今，姬氏民居仅余一间破旧的小屋，坐北朝南。但在屋檐、柱头、门槛等结构上，保留了鲜明的元代建筑特色。直到收归国有之前，一直被当地居民使用，可以说是民居界的"活化石"。

民居发展到明清时期，到了最繁荣、最辉煌的时代。建筑上，各类材料、各种技法已经成熟完善，各地的人口结构、风俗传统也都基本形成，所以各地的民居在明清时期基本定型，形成如今的分布格局。

全国很多地区都有保存完好的明清民居，像北京旧城里的胡同四合院、山西平遥古城中的民居、山西晋中的王家大院、江苏南京的甘熙宅第、广东东莞的南社古村、福建南靖的土楼群等，数量丰富，形式更是多种多样。这些明清时代的民居真实地矗立在我们面前，其中一些民居甚至还在使用，民居主人的后代仍在其中生活。国家对古民居十分重视，并且实施重点保护。我们可以亲自去观察了解不同地域和民族民居的特点和成就。

万家灯火：千姿百态的民居

我们的祖国幅员辽阔，地大物博。约960万平方千米的神州大地上，地形结构丰富，从戈壁到草原，从平原到山地，都生活着我们中华儿女。我国又是个多民族国家，汉族、壮族、蒙古族、藏族、维吾尔族、回族等56个民族，各有本民族独特的生活习惯和文化信仰。历经成百上千年的传承与改良，到明清时期，我国各地都形成了十分独特的民居，以中国传统建筑为基础，各具特色，各放异彩。让我们来一一了解。

四合院（北方官式民居）

要说最有名的中国民居，那当属四合院。作为北方官式民居，四合院已经成为北京的一张名片，名扬海外。顾名思义，四面的房间围成一个院子，就是四合院。

让我们走进四合院仔细瞧瞧。其中坐北朝南的叫作正房，正房最少有三间，正中最宽的一间叫明堂或中堂，两侧的次间一般作为主人的卧室或书房；院子两侧东西朝向的房间叫东西厢房，供子孙或者重要的客人居住；南侧坐南朝北的叫倒座房，朝外的南向不开窗，居住条件最差，所以一般用作普通客房或仆人房间、厨房、厕所、储物间等。

四合院建筑有明确的中轴线，整体上要求

左右对称，这是中国建筑的特色。稍微大一点的宅子，讲究一点的，会在一进门的地方立一堵墙，叫作"影壁"，在白天大门打开时保护院内的隐私。这样一个小院就形成了四合院最基本的单元，被称为"一进"。

中国式建筑有一个特点——不过度追求单体建筑的高大宏伟，而是讲究建筑群的巧妙组合与精心搭配。四合院就具备这种"无限组合"的特点。普通人家一般住"一进"小院，稍有实力的家庭可以建造两个前后相连的小院，也就是"两进"的院子。以此类推，在中轴线上南北不断延长，便有了"三进""四进"，甚至更多的院落。除了南北向上不断增加"进"，还可以在东西两侧增添院子，称为"跨院"，横向上也具备无限扩大的可能性。当然这已经超过民居的范畴了。位于北京二环以内旧城中的梅兰芳故居、老舍故居、鲁迅旧居，就是典型的四合院民居。

四合院不断扩大规模，增加房屋的大小、院落的面积，再增添各类奢华的建筑装饰，就成了富贵人家的大宅、王公大臣的府第，最终发展到极致，便是如今闻名世界的北京故宫——紫禁城。故宫是明清两代皇帝的宫殿，

四合院

是世界上现存规模最大、保存最为完整的木质结构古建筑群之一。

　　故宫就是一个超大版的四合院群，由许多大大小小的四合院组合排列而成。在中轴线上的重要的院落被称为"中路"，太和殿、中和殿、保和殿三大殿和乾清宫、坤宁宫，便自南至北依次位于中路上。中路的两侧建有各类宫殿等建筑，分别称为"东路"和"西路"。其他王府官邸也是如此，只是在规模上低于故宫。北京如今保存完好的四合院式王府有恭亲王府、醇亲王府等，这些建筑的后院或侧路还建有园林，极尽奢华。

"一颗印"（西南民居）

　　在云南，尤其是以昆明为主的滇中地区，流行一种紧凑小巧的合围式民居"一颗印"，可以说是"瘦高"版的四合院。

"一颗印"式民居主要分布在丘陵山地等平地少且人口稠密的地区。由于土地资源有限，所以"一颗印"的结构布局非常紧凑，俯瞰过去外观方方正正，像一方官印，所以俗称"一口印"。有的规模更小的住宅只有"一颗印"的一半，便被称为"半颗印"。

"一颗印"和四合院不同的地方，就是四

"一颗印"模型

面的房屋十分紧凑，中间的庭院被压缩为一块小小的方形空间，仰头看上去好像"坐井观天"，所以中间庭院被人们形象地称为"天井"。"一颗印"的外墙基本不开窗，天井便是全屋唯一的采光通道。天井处多挖一口水井，是一家老小生活用水的来源。

这样的设计是十分符合当地的自然气候与人口实情的。首先，不同于四合院比较固定的坐北朝南的朝向，"一颗印"没有固定朝向，因地制宜，随山坡走向修建。其次，在平房之上普遍增盖二层楼房，可以最大限度地利用土地资源，容纳更多的家庭成员，提供更多的生活空间。最后，南方晴天晒、雨天多，所以小小的天井不仅防雨，还避免了夏天阳光直晒，兼顾了避暑和防雨功能。房屋屋檐之间交错但不连接，尽可能减少雨水流入天井，以免积水。

全家人的卧室一般都设在正房二层的次间和耳房二层，既防潮又防晒。正房一层用作堂屋、餐厅，耳房一层和倒座的位置就用来做饭、存储柴草甚至养牲畜。可以说最大限度地利用好了每一寸空间，成为民居典范。

"一颗印"的屋顶内长外短，外墙可以作为防火墙，防止发生火灾。很多地方地狭民稠，家挨家、户连户，而中国建筑又多为木结构，最怕火灾。一家发生火灾，很容易"火烧连营"，酿成大火，严重时甚至会烧毁整个村子。所以"一颗印"这种以外侧高墙为防火墙的设计，集中体现了劳动人民的生活智慧。

如今昆明市内和一些村镇中还保留着一定数量的传统"一颗印"民居，我们要珍惜和用心保护。位于昆明市区的云南省博物馆的大楼便是以"一颗印"为雏形设计的新展馆，荣获中国建筑工程最高奖项"鲁班奖"。

沁河古堡（山西民居）

山西省是华夏文明的起源地之一，是全国古建筑遗迹最多的省份之一。山西古建时代序列完整、品类众多、形制齐全，被誉为"中国古代建筑宝库"。民间也有"地下文物看陕西，地上文物看山西"的说法。说到民居，山西省也有大量的明清古民居保存至今。最有特色的山西民居主要分布在山西中部一带，以晋商修建的住宅为代表，比如王家大院、乔家大院，还有平遥县城中的大量民居。山西民居也主要以合围式为主，有自己鲜明的特色。

但接下来我们要介绍山西民居中一类非常独特的建筑——沁河古堡。沁河是山西省的第二大河流，发源于山西省中部的太岳山，向东南蜿蜒流过晋城市，穿过太行山后，在河南省武陟县汇入黄河。沁河流经的晋东南地区，是我国现存古代建筑数量最多的地区。在沁河中游两岸的沁水、阳城、泽州三个县中，有一类建筑十分独特，那就是古堡。据不完全统计，沁河两岸曾建有至少50余座古堡，形成了规模庞大的古堡群。

乍一听古堡的名字，你是不是会联想到欧洲中世纪王公贵族居住的城堡。其实，我们中国人也很早就开始修筑城堡了。保存至今的城堡类建筑，像布达拉宫、土木堡、吴堡石城等，都是建筑史上响当当的"大腕"。它们多为统治者或官方修筑，有很强的军事属性。而沁河古堡群，却是一批来自民间的"草根"古堡。

为什么修筑古堡？原因其实很简单，就是为了保护自身安全。土木堡、吴堡等城堡大多修筑在边界线上，抵御的是外敌的入侵；沁河古堡防备的，是战乱年代的流寇和土匪。沁河古堡群大多修建于明代后期，当时全国各处都有起义和暴动，明朝廷逐渐无力镇压。而很多流寇和土匪盘踞在太行山区，常常在当地烧杀抢掠，沁河流域首当其冲。指望不上官府，当地一些退休在家的官宦士大夫或者富商，就牵头甚至出资带领族人或村民拿起武器自卫，最后干脆修筑能容纳全族或全村人居住的城堡，有效地保护全族全村人的人身和财产安全。

这些城堡在明末清初的战乱中，成功地保护了当地百姓，所以被后人继承下来，世代生活在其中。这些古堡出于军事防御目的而建，同时还要兼顾居住和使用功能，城堡内的街巷、民居与城墙一起被纳入整个防御体系，担负防御职责，体现出鲜明的防御为本、平战结合的设计风格和建筑特点。城堡中建筑类型众多，既有为了军事目的而专门设计的甬道、碉楼甚至炮台，日常生活所需的建筑和设施也一应俱全，例如高门宅邸、宗族祠堂、寺庙道观、戏台、商铺等，充满生活气息。

如今保存完好的尚有窦庄古堡、皇城相府、砥洎城等10余座古堡，各具特色。

徽派建筑（江南民居）

你有没有见过一些精致的安徽菜馆？许多城市的安徽菜馆偏爱徽派建筑风格的装修。在现代都市的钢筋水泥森林中，它们的建筑外观独树一帜，透着古风雅韵。

徽派建筑的墙面一般是素雅的青白色，建筑

两侧的山墙耸起，高过屋顶正梁，但山墙的墙顶并不随着屋顶以同样的坡度下降，而是呈现为一种十分独特的阶梯下降的样式。这种墙叫作"马头墙"，一般为两叠或三叠式，大的马头墙最多可至五叠，俗称"五岳朝天"。青砖、黛瓦、马头墙正是徽派建筑最醒目的标志。

徽派建筑又称徽州建筑，起源于古代徽州（今安徽黄山市、宣城市、江西上饶市一带）。徽派建筑以砖、木、石为原料，以堂屋为中心，十分注重屋顶、屋檐等细节处的装饰。徽派建筑广泛采用各类装饰技法，工艺十分精美，具有高超的装饰艺术水平。马头墙作为民居的外墙，其实主要的功能是防火，因其造型独特，成为实用与艺术结合的典范。

徽派建筑在门楼、窗框、梁柱等结构上，广泛使用"三雕"——砖雕、木雕、石雕，做工十分考究。此外，徽派建筑一般都有较大的出檐和夸张的檐角反翘，与高高的围墙相结合，形成小而深的天井。这是因为南方雨水多，这样的屋檐可以最大限度地将雨水导到远处，防止在屋檐下房基处积水。

江南地区自古就是富庶繁华、高度发达的地方，为什么徽派建筑脱颖而出，成为最能代表江南的民居呢？其实原因很简单，就是两个字：有钱！徽州人十分热衷并善于经商，从宋代到明清时期十分活跃，游走在全国各地买卖商品，与山西的晋商、广东的潮商并称"中国三大商帮"。徽商成群结队到各地经商，富庶繁华且距离最近的江南地区自然是徽商的势力范围，是徽商的大本营。许多徽商在江南各地建立商号，同时也不忘修筑豪宅和会馆，由于不惜工本，所以徽派建筑都精致奢华，

徽派民居

成为财富的象征。通过徽商数百年不遗余力的
传播推广，徽派建筑逐渐成为江南建筑的典型
代表。直至今日，徽派建筑依然有很强的生
命力。

当然，最地道的徽派建筑还是要到徽州去
找。古人讲究"衣锦还乡"，徽商在外经商
成功，挣了大钱，一定要回到故乡建造豪宅、
园林，体现身份，或整修祠堂以光大门庭，或
修筑牌坊。民居、祠堂和牌坊被誉为"徽州

古建三绝"。

中国人十分重视家族，修建供奉祖先的祠堂时会不计成本，所有族人都会出钱并积极参与建设，出钱多的族人会十分有面子，证明自己在外面混得"风生水起"。所以祠堂几乎无一例外会修建得无比精美，在设计、选材用料、细节装饰上都费尽心思。位于安徽黄山市呈坎村的罗东舒祠就是徽州祠堂的代表作，占地3300平方米，四进院落，规模宏大且精雕细琢，被誉为"江南第一祠"。

如果你想亲自探索徽派建筑的美，古徽州境内有很多地方值得一去。安徽黄山市的徽州古城、宏村、西递，以及江西的婺源古城等，都还保有完整的徽派建筑群，是活态的"徽派建筑博物馆"。

客家民居

我们经常会遇到来自南方的朋友自称是"客家人"。可55个少数民族里没有"客家族"，也没有哪个地名叫作"客家"，经常让北方人搞不明白。其实客家人并不是少数民族，而是历史上因躲避中原战乱而南迁的一些汉人。他们生活在广东、江西、福建交界一带，东晋时期，北方来的移民落户时被编为"客籍"，所以被称为"客家人"。客家文化在方言、饮食、音乐、戏剧等方面都有鲜明的特色，尤其是民居，更是形成了独特的建筑流派。

客家人因为是外来移民，所以在历史上常常与当地的土著居民因为争夺水源、田地而发生纠纷，甚至械斗。客家人为了生存，十分重视团结，家族凝聚力很强，家族利益远远高于个人利益，推崇为了整个家族而牺牲个人的理念。直接反映在建筑文化上，客家民居最核心的特点就是聚族而居，也就是一整个大家族都住在一起。所以客家人会建造一栋巨大的建筑或一处密集的建筑群，来容纳全族甚至全村的男女老少，并在外侧统一设置一些防御性质的设施，以抵御野兽或敌人，来保卫族人的安全。这样的民居对外用高墙或碉堡封闭，对内则紧凑开放，甚至可以说家庭成员个人使用的房间缺少私密性。日常生活中大家恪守严格的宗教礼法，造就了独特的民俗文化。

客家民居十分显著的特点就是高度围合以及严谨的对称。在建筑的主轴线上，以"堂制式"作为平面组合的基本规律，有一堂制、二堂制或三堂制；两边则建"横屋"，有两横、四横、六横，可以根据需要继续扩展。最外侧则用半圆弧形或直线型的"围屋"将整个空间封闭起来，可以建造一围、两围，甚至四围以上。客家民居建筑以"堂""横""围"为基本形制，根据家族人口的规模来确定建筑的规模。

客家民居的外墙一般十分坚固结实，多使用传统的夯土墙。但客家人会在生土中加入一些配料，改良墙体的性能。有的在春墙时添加竹枝、木条或碎瓦砾、石块、火砖，以增强墙体的刚度，类似于现代建筑中钢筋的作用；有的用三合土（黄泥、石灰、沙）版筑，甚至加入桐油、熟糯米、红糖、鸡蛋清等黏性物，使土墙韧性十足。所有原料取自山坡，因而不存在破坏耕地问题。旧楼若须拆除重建，墙土还可以重复使用，或用作农作物的肥料，不会像现代砖石或混凝土房屋废弃时产生大量的建筑垃圾。

客家人重视诗书礼仪，读书考取功名是最荣耀的事。每一座传统客家民居都有自己的名字。客家人在起名时多引用四书五经中的经典字句或使用吉祥文字组合，如"联芳楼""振德楼""承启楼""顺源楼""裕昌楼""和贵楼""振成楼"等，表达居民们的精神追求和对子孙后代的美好愿望。

客家民居又细分为围屋、土楼、排屋楼等形式。

围屋

围屋又叫围村、客家围，主要有围楼、围寨、围龙屋等类型。在形式上，主要有方形围屋、半圆形围屋、圆形围屋。主体结构多为"一进三厅两厢一围"，上百户本族人同住在一个空间当中，共用一个天井，形成一个自给自足、自得其乐的社会小群体。

围龙屋是半圆形的围屋，主要分布在广东东部地区。围龙屋多依山而建，整座屋宇跨在山坡与平地之间，形成前低后高、两边低中间高的双拱曲线。屋宇层层叠叠，从屋后最高处向前看，是一片开阔的前景。屋前多建有半月形池塘，与围龙屋恰好形成一个圆形的整体，一阴一阳，犹如一幅"太极图"。

方形的围屋主要分布在赣南和粤北，也称为四角楼。和圆形围屋一样，四角楼注重的是建筑的防御性，外围一般有二至四层，四角和边上修建许多碉楼或炮楼，有如堡垒。代表性的方形围楼有江西安远的东生围和龙南关西新围、燕翼围等，东生围是中国最大的客家方形围屋。

土楼

土楼由于其独特的造型，是客家建筑中一道亮丽的风景线。土楼一般由两三圈围屋组成，由内到外，环环相套。外围有四五层楼十多米高，有一二百个房间。一般来说，一层做厨房和餐厅，二层是仓库，三层以上是卧室。内圈一般为两层，房屋五十余间，一般是客房。

土楼

土楼相比围屋，淡化了尊卑有序的观念。中间的堂屋是祖祠或庙宇，是楼内居民举办婚丧事宜的公共场所。楼内还有水井、浴室、磨坊和厕所等封闭生活时的必备设施。所以，只要粮食储备充足，土楼居民完全可以关起门来，与世隔绝生活三个月之久。这样易守难攻、设计合理的"小堡垒"，在战乱危险中保护着一代代客家人。

土楼多建在山地深处，过去由于交通不便，不被外界了解。如今土楼已是客家文化最重要的一张名片，成为闻名中外的旅游胜地。其中，最著名的要数福建南靖县田螺坑村的土楼群。田螺坑土楼群由一座方楼、三座圆楼和一座椭圆楼组成，方形的步云楼居中，其余四座环绕周围，被形象地称为"四菜一汤"。如今各地仍有数百座土楼，其中46座保存完好的福建土楼更是被列入《世界文化遗产名录》。

排屋楼

排屋是客家围屋的延伸。一般以始祖建造的房屋，也就是祖祠为中心，后人依照辈分次序依次向左右两边、后排伸展，形成一个大大的"非"字。左邻右舍墙瓦相连，连成排屋。

排屋墙身厚、屋梁高，外侧的排屋上修建有高耸的碉楼。这种排屋加碉楼的组合被称作排屋楼，结构上讲究和谐对称，保留了客家围屋的传统格局，但又不拘泥于客家围屋的样式，因地制宜，吸收了岭南建筑"单元式住房、开放式空间"的优点，是客家文化与华侨文化交流融合后的产物，是广东凤岗客家人独有的民居风格。如今凤岗镇还保留120座碉楼及排屋，是岭南建筑中一道亮丽的风景线。

骑楼（岭南商住房屋）

　　骑楼是一种近代出现的沿街建筑，可供商住两用，最早由英国人在东南亚地区建造，称为"廊房"；后来被在南洋经商的侨商们带回中国，与当地建筑文化融合后，形成了在华南地区沿海地带广泛分布的骑楼。

　　骑楼上楼下廊，一般有两到三层。一楼一般为商业空间，前有廊道。二楼的房屋坐落在廊道上。沿街的廊道既是人行道，又是室内外的过渡空间。廊道为行人遮挡炎热的太阳以及说来就来的降雨，不仅十分方便，并且十分适合开门做生意。骑楼是本土与外来建筑的有机结合。

　　骑楼的结构有砖木、砖混等，地面多用水

泥，也有铺地砖或木地板的；屋顶采用传统瓦坡顶与近代平顶组合的方式。

骑楼的造型与装饰并不拘泥于使用正宗的欧式风格，而是采用南洋特有的混搭：既有中国的如意、卷草纹样，也有欧洲的巴洛克式山墙，可以说是处处体现着中西结合的"折中主义"建筑风格。

海南的海口中山路、福建的厦门中山路、广西的北海珠海路等老街，依然保留着比较完整的骑楼建筑群，如今成为这些城市的特色老街，吸引了许多游客。

红砖厝（闽南民居）

厝（cuò）在古汉语中有房屋的意思。在保留了许多古音古字的闽南方言中，一直将民居称为"厝"。闽南人生活在福建南部的厦门、漳州、泉州，以及宝岛台湾，有着独特的文化、方言、美食、民俗等都独树一帜，民居当然也极具特色。闽南人喜欢用红砖红瓦盖房，所以闽南民居被称为红砖厝。

从平面布局来看，以红砖厝为代表的闽南传统民居，主要有三合院、四合院两种形式。无论是主体建筑，还是增建的护龙等附属建筑，都以大厝的厅堂为中轴线组织空间，主次分明，秉承中国传统民居对称、严谨、封闭的传统。

说到闽南民居的特点，当地有个流传很广的说法："红砖白石双坡曲，出砖入石燕尾脊。雕梁画栋皇宫起，石雕木雕双合璧。"什么意思呢？

红砖不用多说，闽南人太热爱红色了。从屋顶、外墙，到巷子的地面，到处都铺满了红砖红瓦。整个老城街区一眼望去，红彤彤一片，鲜艳热烈。白石指的是用白色花岗石做地基和石阶，不仅坚固结实，而且与红砖十分协调。"双坡曲"是指屋脊两边的瓦面并非是常规直线坡度，而是略向下弯，呈弧度下降。这种"曲线美"优雅美观，更兼具实用性。闽南地区多降雨，雨水从瓦面流下时先蓄势下滑，后在屋檐口完成"冲刺"，可以将水排得更远，防止积水侵蚀房基。

"燕尾脊"指闽南民居的屋脊中间下弯两头上翘，像一弯浅浅的上弦月。屋脊两边的尾端分叉为二，像燕子的尾巴，神似燕子归巢时的形态，本地人将燕尾脊亲切地唤作"双燕归脊"。这一屋脊造型成为闽南文化的一个特有符号，有"盼燕归巢"的寓意，是无数离乡的游子魂牵梦萦的家乡。

闽南民居与北方民居素净、简洁的装饰风格不同，可以说是家家户户雕梁画栋，边边角角也要装饰上精美的特色石雕和木雕。

如今闽南、潮汕地区仍保留了大量的红砖民居群。典型代表有泉州南安蔡氏聚落和厦门大嶝郑氏聚落，有机会一定要去看看。

开平碉楼（华侨民居）

开平碉楼是大名鼎鼎的世界文化遗产。开平市属于广东省江门市，旧中国土匪猖獗，社会治安混乱，加上河流多，每遇台风暴雨，洪涝灾害频发，民众在当地乡绅的带领下，被迫在村中修建这种集防卫与居住功能于一体的多层塔楼式建筑以求自保。

民国初年，土匪多次劫掠当地的学校。有一次，土匪袭击开平中学时，被在碉楼值班的村民发现，四处乡团及时围堵，解救了被抓走的校长及学生。从此，离开开平的华侨为了保护家人，集资回乡兴建碉楼。许多华侨请外国设计师设计碉楼，将图纸带回家乡建造。

开平碉楼的墙体比普通民居厚实坚固，窗户比民居开口小，各层墙上开设有射击孔，碉楼上部的四角一般都建有突出悬挑的角堡，俗称"燕子窝"。

据统计，开平地区最多时有3000多座碉楼，现存的还有1800余座。由于华侨在不同的国家经商，所以每栋碉楼都在中国传统乡村建筑的基础上，汇集了外国不同时期、不同风格的建筑艺术，是中国社会转型时期不可多得的主动接受外来文化的重要历史文化景观。

在开平碉楼上，你能看到古希腊的柱廊、古罗马的穹顶，欧洲中世纪的哥特式尖拱，还有伊斯兰风格的设计、葡式建筑中的骑楼、欧洲巴洛克风格的建筑等，可以说是"万国建筑博览会"。开平碉楼是华侨文化的重要载体，体现了近代中国华侨与民众主动接受西方文化的历史进程。

干栏式民居（西南民居）

前面我们提到过南北方两大类史前民居。其中，半地穴式民居已经随着建筑技术的发展消失在历史长河中，而南方的干栏式建筑却有着蓬勃的生命力，一直流传至今。如今在广西中西部、云南东南部、贵州西南部，依然有许多干栏式民居分布。现存的干栏式民居依然继承着最原始的结构：下层无墙，养牛马等牲畜；上层住人或者堆放谷物。干栏式民居这个词听起来有些抽象，但苗族和侗族的吊脚楼、土家

吊脚楼

族的转角楼和傣族的竹楼，大家一定都听说过，这些都属于干栏式民居。

吊脚楼是苗族和侗族的特色民居，依山傍水，屋子的前半部分临空悬出，楼上住人，楼下架空，通风防潮，避暑御寒，具有很高的实用价值。

傣族的特色民居竹楼，造型美观，外形像个架在高柱上的大帐篷。竹楼与吊脚楼在建筑结构上没有什么差别，最特色的就是大量使用当地盛产的竹子。竹木构筑的干栏式民居与当地环境十分和谐融洽，证明了中国建筑顽强的生命力。

窑洞（西北民居）

在山西、陕西、甘肃、宁夏一带的黄土高原上，有一种极为独特的民居——窑洞。黄土高原千沟万壑，当地人创造性地利用破碎的地形以及黄土层厚实且致密的特点，凿洞而居，创造了被称为"绿色建筑"的窑洞建筑。窑洞是当地人的家，当地有"箍窑盖房，一世最忙"的俗语。

黄土高原冬季寒冷，窑洞多选址在向阳的山坡上，门窗尽量朝南且窗户较大，最大限度接受日照。

传统的窑洞是圆拱形，拱高一般高3—4米，宽3—4米，进深8—10米。洞内最主要的结构就是炕、灶和烟道系统。炕是最重要的，铺上被褥就是床，放上矮桌就是餐厅，来了客人也是先上炕。炕与灶以烟道相连，冬天就可以睡暖和的热炕。

窑洞普遍比较素净朴实，没有太多的装饰，几乎所有装饰都分布在窑洞的正立面——"窑脸"上的门窗棂格。门窗是窑洞最为重要的建筑构件，有许多图案形式：万字纹、寿字纹、回纹、铜钱纹、步步锦等，古朴典雅，美观大方。

除了窑洞内部，院子也是窑洞居民主要生活、生产和休息娱乐的地方。院子大多有门楼，哪怕是普通人家，也会尽可能修得漂亮。人们还会在庭院里搭建畜棚，用来养牛、羊、猪、驴等牲畜。

如今最有名的窑洞建筑群，要数陕北延安的窑洞。当年，毛主席和党中央就是在延安的窑洞里，指挥了抗日战争和解放战争，为中华人民共和国的建立打下了坚实的基础。如今这些窑洞被完好保存，供大家参观瞻仰，是红色革命圣地。

蒙古包（草原民居）

长城以北是一望无际的蒙古高原。在这片辽阔的草原上，自古以来便生活着以游牧为生的众多民族，从先秦时期的胡人、秦汉时期的匈奴、魏晋时期的鲜卑、隋唐时期的突厥到两宋时期的契丹族、蒙古族，这片土地上的人们一直都过着逐水草而居的游牧生活。因为居无定所，牧民不可能建造复杂坚固的民居，所以帐篷就是不二之选。到了蒙元时期，蒙古族居住的蒙古包，便成了游牧民族民居的典范。

蒙古包也被称作"穹庐""毡包"或"毡帐"，圆形尖顶，一般高3—5米，便于建造和搬迁，适用于游牧生活。蒙古包一般门朝东南开，以避开来自西伯利亚的强冷空气。蒙古包虽然看起来不大，但包内足够宽敞，而且因为没有隔挡，包内空气流通。包内中央安放着火炉，火炉东侧一般堆放炊具碗橱，火炉上方的

蒙古包

帐顶处开设天窗，蒙语称为"套脑"，是蒙古包的采光通道。火炉西边铺地毡，地毡上摆放矮腿的方木桌，这里是蒙古族人吃饭饮茶的地方。蒙古包冬暖夏凉，不怕风吹雨打，非常适合经常转场放牧的牧民居住和使用。

从前的蒙古族人，上至大汗，下至平民，都住在蒙古包中。蒙古族人民尊敬的领袖成吉思汗去世后，后人在草原上设置了八座白色的蒙古包，用来供奉和祭祀成吉思汗，被称为"八白室"，是蒙古族人的圣地。后来，蒙古族人建立了元朝，将八白室固定设置在今鄂尔多斯地区，这就是现在的成吉思汗陵。现在，还有少数仍坚持游牧生活的蒙古族人生活在蒙古包里，延续着最地道的蒙古式生活习俗。

船居（水上民居）

在浙江、福建、广东、广西的沿海地区，有一群世世代代生活在水上的人。他们祖祖辈辈靠打鱼为生，以船为家，除了与当地陆上的居民交换生活必需品外，从不上岸，形成了十分独特的文化习俗，他们就是神秘的"疍民"，也叫"连家船民"。传统的疍民一辈子生老病死、婚丧嫁娶都在船上，对于他们来说，船就是他们的家。

一艘连家船为疍民同时提供了工作和生活的空间。船头的甲板是捕鱼、劳动的地方，船舱则是家庭卧室和仓库，有的疍民还在船尾饲养家禽。部分上岸定居的疍民，仍将原先的连家船架于木桩之上作为房屋，可见船对于疍民的重要性。如今，在政府的鼓励下，绝大多数疍民上岸定居。虽然大多疍民仍从事渔业生产，但传统的疍家船居文化已逐渐消亡。

除了前面罗列的这些民居，中国还有很多地区、很多民族的民居都极具特色。如今，钢筋水泥的现代化标准楼房正逐渐代替传统民居。如何保护好、利用好传统民居，让传统民居被年青一代认可和传承，是我们每个人都要思考的事。

安居无小事：民居里的民俗文化

古人安土重迁，建好了新房，一家老小搬进去，祖祖辈辈好几代人都生活在这里，生老病死，都在其中。直到人丁兴旺住不下了，子孙分家立户，盖了新房，周而复始。每一间民居，都见证着中华民族的繁衍生息。

中国是礼仪之邦，房屋的建造和使用自始至终都伴随着各种各样的礼仪。建房礼仪实际上是一种求吉仪式，人们举行这些仪式的目的是祈求房屋永固、富贵长久和子孙满堂。

按照民间建房的程序，建房礼仪大致上可分为选址、立中柱、上梁、立门、竣工等几项。而在人们的日常生活中，与房屋有关的民俗信仰和仪式文化更是丰富多彩。让我们简单了解一下。

迷信还是科学：选址中的风水学

你是不是常听人说某地是"风水宝地"，某地"风水不好"？"风水"到底是什么？

风水学，又称"堪舆学"，它看似神秘，其实就是古人为建筑进行选址的方法，也就是古人总结的"相地之术"。风水学其实是古人生存经验的抽象总结，无论是建城盖房、下葬修墓，还是修桥铺路、行军打仗，人们都需要认真考察自然地理环境。盖房要找采光好、通风好、隔湿防洪的地方；修墓要找地下水不容易渗入、不容易塌方的地方；修桥铺路也要找合适、安全、节省工料的位置。经过漫长的岁月，古人将这些选址过程中遇到的情况进行思考总结，归纳出了一些朴素的经验规律，就形成了风水学。

受限于古代科技水平，风水学中的很多说法存在科学错误，也掺杂有封建迷信的糟粕，我们要理性客观地看待它。

破土动工：奠基仪式

地基是建筑的基础，修筑地基是正式建造房屋的第一步。在破土动工之前，古人会严肃认真地选择一个吉时，诚心诚意地祭祀这里的土地神和一切存在或未知的生灵，告知他们人类将于此地破土动工，请他们知悉并谅解，迁徙他方，这便是有着悠久历史的奠基仪式。

从古至今，大到国都、宫殿和陵寝，小到一间民居，甚至猪圈、鸡舍，在动工之前，人们都要举行奠基活动，这是我们中国人世代传承的习俗。

现在，许多大型建筑开工时仍会举行奠基仪式。在一个风和日丽的上午，一些重要人物象征性地挖几锹土，将刻有工程名称、开工日期等信息的奠基石埋入土中。这和古人的习俗几乎一模一样。《淮南子》中写道："埋石四隅，家无鬼"，也就是奠基时要在地基的四角埋入石块，用来驱鬼辟邪。如今很多乡村依然忠实地延续习俗，在选好了合适的"风水宝地"后，选择一个破土动工的良辰吉日。主人家恭恭敬敬地准备好祭品，烧香放炮仗，然后象征性地挖几锹土，最后在地基主要位置埋一块奠基石。

虽然自古以来奠基仪式的习俗相似，但奠基仪式中使用的祭品经历了一个从野蛮到文明的发展过程。在3000多年前的商代，打地基要先挖好基坑，在基坑坑底挖一个小坑，称为"腰坑"。商人会把狗，甚至奴隶当作祭品埋入腰坑，十分残忍。这种用活人作祭品的行为到了周代以后才被逐渐禁止。

上梁仪式

中国传统建筑绝大多数为木结构，屋顶正中最重要的一根横木被称作"大梁"或"正梁"，承受着上部构件与屋面的所有重量，是整个屋顶结构的核心。所以我们常说的"挑大梁"意为"起主要作用"。在建造房屋的过程中，打好地基，架好柱子，砌好墙后，便要进行最重要的一步——安装大梁，这一步被称作"上梁"。

在建房的诸多礼仪中，上梁仪式被人们视为建房过程中最重要的礼仪。举行上梁仪式可追溯到魏晋时期，到明清时期已普及到全国各地。民间认为，上梁是否顺利，不仅关系到房屋的结构是否牢固，还关系到居住者今后是否兴旺发达。过去农村有句俗语："房顶有梁，家中有粮，房顶无梁，六畜不旺。"可见梁在老百姓心目中的重要性。

尽管各地的上梁习俗有所不同，但都十分隆重。首先是选定上梁的时间。精心挑选的梁木制作成合格的正梁后，人们便要挑选上梁的日子。到了良辰吉日当天，上梁仪式可分为祭梁、上梁、接包、抛梁、待匠等几个程序。

首先要"祭梁"。主人家摆好供桌，恭恭敬敬地摆好猪、鱼、鸡等贡品，由瓦匠和木匠等边说吉利话边敬酒。正式上梁时，鞭炮齐鸣，工匠师傅们边唱上梁歌，高喊"大吉大利"，边将正梁抬上屋顶，安装到位。在上梁的过程中，一般要将正梁平平稳稳往上抬，忌讳一前一后，高低倾斜。

将正梁放平稳后，有的屋主人要将红布披在梁上；有的要在梁上安放装着五谷和钱币的"五谷彩袋"，寓意五谷丰登；有的挂装有红枣、花生、米、麦、万年青等的红布袋，寓意"福、禄、寿、喜，万古长青"。匠人将果品、食品等用红布包好，边说吉祥话边将布包抛入由主人双手捧起的箩筐中，这个程序称为"接包"，寓意接住财宝。

然后便是最热闹的"抛梁"环节。主人接包后，匠人便将糖果、花生、馒头、铜钱、"金元宝"等从梁上抛向四周，让前来看热闹的男女老幼争抢，同时匠人还要说吉利话，比如"抛梁抛到东，东方日出满堂红；抛梁抛到西，麒麟送子挂双喜；抛梁抛到南，子孙代代做状元；抛梁抛到北，囤囤白米年年满"。来的人越多，越热闹，主人家越高兴。

抛梁结束后，众人退出新屋，让太阳晒一下屋梁，这叫作"晒梁"。最后，主人设宴款待匠人、帮工和亲朋好友，并分发红包，整个上梁仪式结束。

"总把新桃换旧符"：门神

一间屋子可以不开窗，但不能不设门。门既让屋内的私人空间与屋外的公共空间相连接，同时也保护着屋内的私人空间不受外界打扰。所以门对于家来说至关重要，家族也被称为家门、门户。古诗中也有"千门万户曈曈日，总把新桃换旧符"的诗句。如今我们依然保持着一项与门相关的古老习俗：门框上要贴对联，门上要贴福字与门神，过年时还要将旧的撕掉，换上一套新的来迎接新的一年，祈求平安与幸福。

我们中国人认为万物有灵，处处有神，替我们守卫门户的便是门神。门神信仰是一种十分古老且普遍的民间信仰，人们将门神的神像贴于门上，用以驱邪避鬼、祈求家宅平安。根据史料记载，周代的时候就已经出现了"祀门"的活动，而且是极为重要的一项典礼。但门神不止一种。一类是最古老的门神组合——神荼（shēn shū）和郁垒（yù lǜ）。传说桃都山上有一棵大桃树，是鬼怪进出人间的鬼门，神荼和郁垒在此站岗，是专门看管鬼门的门神。另一类则是历史上真实存在的名将贤臣，比如孙膑和庞涓、魏征和钟馗、秦琼和尉迟恭、关羽和张飞、赵云和马超、岳飞和韩世忠等。这些古代名臣名将的事迹万古流传，老百姓们便将他们的画像贴在门上作门神，希望他们驱鬼辟邪，继续保护着千家万户。

一场全民参与的"行贿"行为：祭灶

许多现代人工作繁忙，生活节奏快，在家做饭的次数越来越少，厨房好像不再那么重要了。但一个温馨的家，又怎么能缺少那充满烟火气息的厨房呢？

厨房的核心当然是灶台，在灶台上架上锅，中国人才能在此尽情施展"煎、炒、烹、炸"的艺术。所以是火让一切美味有了可能，让人们从茹毛饮血走向刍生为熟。所以史前先民拜火，后世将其继承发扬为祭灶。祭灶的习俗影响很大，流传极广，可以说是"最中国"的文化之一。

就像之前所说，中国人相信处处有神，灶也有"灶神"，老百姓称灶神为"灶王爷"。很多人家会在灶台上方贴着灶工爷的画像。

民间传说，灶王爷守在家家户户的灶台上，不仅保佑用火平安，吃喝不愁，更兼任"纪律委员"，替玉皇大帝监督每家一年到头的日常表现。快到过年时，灶王爷要上天汇报家家户户的表现，所以在灶王爷上天的前一天，也就是农历腊月二十三或二十四的晚上，要举行祭灶仪式，又叫"送灶"，这一天又被称为"小年"。

祭灶时老百姓会准备丰盛的祭品，"讨好"灶王爷，希望他为自己家说些好话。所以灶王爷画像两侧贴有一副经典的对联——灶王对："上天言好事，下界保平安"，横批"一家之主"，这体现了中国人对灶王爷的喜爱和尊重。

很多地方都流行在祭灶时供奉麦芽糖做的糖瓜，香甜黏牙，说是灶王爷吃了，牙被粘住了，也就不向玉皇大帝打小报告了。祭灶习俗反映了劳动人民的幽默和乐观，甜甜的糖瓜也是很多人童年的回忆。

结　语

　　中国建筑独具魅力，成就斐然。但无论是富丽堂皇的宫殿，还是雄伟惊人的奇观，都离我们的日常生活略显遥远。最亲切的，还是那些分布在大江南北，或大或小、或繁或简的民居，那些为我们遮风挡雨、供我们生活起居的民居，才是我们的家，是属于我们每个人的建筑。

　　无论是从未离开家乡，还是四处漂泊，一代又一代人，在民居里出生、长大、生活。民居承载了我们的人生记忆，见证了我们生活的点滴，是游子的乡愁，是内心的归宿，是老百姓精神上的根。

在过去数十年快速的城市现代化建设中，许多传统民居因老旧落后被拆除，传统民居及其背后所承载的文化的消失是整个国家的损失。目前，国家已经加大对传统民居和古村落的保护力度，提倡"活态保护"。希望我们大家都能了解传统民居，喜爱传统民居，一起努力保护传统民居，让传统民居焕发新的生机。